动物秘密大搜罗

动物感官的秘密

马玉玲◎编著

吉林科学技术出版社

目录

目录

别小瞧我的眼睛，它可厉害着呢！

知识扩展 →

青蛙的自我介绍：我叫青蛙，喜欢在有水的地方生活。不过，我不能生活在海洋里，因为海水的含盐量太高了，生活在那儿我会小命不保的。

青蛙是没有牙齿的，只能囫囵地吞咽食物。食物体积过大，咽不下去怎么办？这就需要眼睛来帮忙了。当青蛙吞咽食物时，它的眼球会向着口腔突出，形成压力，这股压力便能将食物顺利推进食道啦！

无敌大眼

你能想象吗，有个家伙的眼睛和足球差不多大。别不信，它就是大王乌贼。大王乌贼的眼球直径约有30厘米，大大的眼睛有利于它收集深海中的光线，帮助它精准地锁定目标。

奇特的眼睛

经过不断的进化，一些动物的眼睛拥有了更多的功能。有些动物的眼睛可以帮助它们完成进食；有些动物的眼睛可以帮助它们赢得异性的关注；有些动物的眼球大得出奇，能帮它们收集深海中的光线；还有些动物居然可以做到一直不眨眼……仔细观察，你就能发现这些家伙眼中藏着的奥妙！

异性吸引杆

如果你以为突眼蝇头上的长柄是它的触角，那你就大错特错了。突眼蝇的眼睛长在其头部的长柄上，可以说长柄是突眼蝇的"眼杆"。两只突眼蝇正在比谁的"眼杆"长呢。长柄的长度直接影响着它们的异性缘，长柄越长的越能受到异性的欢迎。是不是很有趣？

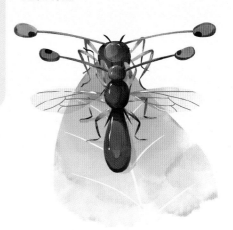

不眨眼的蛇

"一二三，木头人……"如果有木头人比赛，蛇极有可能取得冠军。因为蛇没有眼睑，所以它既不会眨眼，也不会闭眼。还好蛇的眼睛上长着一层透明的鳞片，可以保护它的眼睛不被伤害。

移动的眼睛

大部分的鱼眼都长在鱼身体的两侧，而比目鱼的两只眼睛竟长同侧。更让人感到惊讶的是，比目鱼刚孵化出来时，它的两眼的确长在身体的两侧，但随着它慢慢长大，它的眼睛也移动起来。渐渐地，比目鱼的两只眼睛越挨越近，直到相聚在同一侧。

藏起来的眼睛

将眼睛藏起来，这听起来真是匪夷所思！但对蜗牛来讲，却是小事一桩。蜗牛的头上长着两对可爱的触角，其中一对触角的顶端上就长着它的眼睛。由于蜗牛的触角可以自由地伸缩，因此当蜗牛将触角缩进壳中时，蜗牛的眼睛也就随之蜷藏了起来。

蜻蜓有几只眼睛？你是不是觉得这个问题很简单。然而，正确答案可能出乎你的意料。从表面看，蜻蜓似乎只有两只突起的大眼。事实上，蜻蜓的两只大眼是由无数的小眼睛组成的。小眼睛与视觉神经连接，蜻蜓因此有了更开阔的视野。

知识扩展➜

蜻蜓的自我介绍：我叫蜻蜓，我的复眼由10000~28000只小眼睛构成，在已知的昆虫中，我的小眼睛是最多的，因此我的视力在昆虫中特别好，甚至可以看清5~6米远的东西。

惊人的数量

人类的共同点之一就是都长有两只眼睛。但小动物们的眼睛数量却不是那么统一。这些小动物中有的头顶上长着第三只眼睛；有的贝壳上长着数不清的小眼睛；有的看似只有两只眼睛，其实两只眼睛是由无数只小眼睛构成的；有的即使长了许多只眼睛，视力却依然不佳……这些动物都是谁？快和我一起去看看吧！

如同虚设

飞蛾的眼睛真不少！飞蛾的眼睛由几百只单眼构成，别看飞蛾眼睛多，就以为它视力很好。其实，飞蛾是个"近视眼"，捕捉猎物时，这些眼睛并不能给它提供多少有用的帮助，反而是触角和嗅觉帮了大忙。

三眼传说

有三只眼睛的不一定是神话故事中的"二郎神"，也有可能是身为动物的楔齿蜥。楔齿蜥的颅顶眼，其实是与眼睛结构相似的松果体。其他动物的松果体通常藏在大脑内，而楔齿蜥的松果体却暴露在外，并且能够感知光的亮度。

各有分工

狼蛛的头不能随意地转动，那它如何观察四周呢？别担心，大自然并没有薄待它，给予了狼蛛八只眼睛，且各有分工。狼蛛的眼睛呈三排，中间的两只大眼睛负责锁定目标，后面的两只眼睛负责观察后方和侧面，前面的四只小眼睛则负责观察物体的移动。

清晰成像

鲎拥有两对眼睛：长在背部前端的是一对单眼，长在胸甲两侧的是一对复眼，让鲎一举成名的正是鲎的复眼。因为鲎的复眼能使物体的图像更加清晰地呈现出来，聪明的人类便利用这个原理来提升了电视成像的清晰度。看来，我们真应该好好感谢下鲎。

贝壳上的眼睛

石鳖有眼睛吗？当然有，不但有，而且有很多。令人感到神奇的是，石鳖的眼睛没有长在它的头部，而是有序地排列在它的贝壳上。石鳖的头藏在贝壳下，只剩贝壳裸露在外，长在贝壳上的小眼睛就为石鳖观察周围的环境提供了便利。

美国生活着一种洞穴盲视龙虾，它们有着半透明的身体，视力也不是很好，所以感知环境，辨别方位都只能交给它长长的触角来完成。

多亏了我的触角，否则我就寸步难行咯！

洞穴盲视龙虾的自我介绍：我叫洞穴盲视龙虾，喜欢居住在寒冷、阴暗的洞穴中。我的寿命很长很长，能活到70多岁呢！

知识扩展

第二双 "眼"

视力不佳怎么办，触须能来探探路；没有触须怎么办，依靠气味或振动。一些常年生活在地底的动物，视力已逐渐退化。值得庆幸的是，大自然给予了它们特殊的"眼睛"。它们头部长长的触须、触角都能帮助它们感知环境、捕获猎物，让它们能像其他动物一样自如地生活。甚至，有的动物还掌握了"高科技"手段呢！

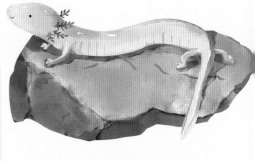

神奇信号

洞螈的视力极差，还没长触须，那它是通过什么方式来感知环境的呢？洞螈是一位"情报高手"，它可以依靠化学信号、声波、振动和电场来捕食猎物。洞螈获取猎物情报的手段是不是要比其他动物先进得多！

神奇味道

因拥有与蚯蚓相似的外形，盲蛇经常被误认成蚯蚓，所以它又被叫作"蚯蚓蛇"。因为盲蛇的眼睛基本上已退化成了感光点，所以搜索猎物这种事儿根本指望不上它的眼睛。令人感到欣慰的是，盲蛇能通过探测猎物身上的气味和热量来辨别目标、锁定目标，这样就不用担心它会饿肚子了！

神奇触须

你可能会说，裸鼹鼠摇头摆尾的，看起来一点儿也不优雅！但，请理解，生活在坑道中的裸鼹鼠几乎处于全盲的状态，而它头部的触须就相当于它的第二双眼睛，帮它辨别前进的方向。为了能让触须触碰到坑壁，裸鼹鼠才不得不摇头晃脑。

神奇振动

蚓蜥的头部长有类似感应器的结构，可以识别光线。但对蚓蜥来讲，捕捉猎物、逃避天敌的追击，还得使出"杀手锏"才行——蚓蜥能根据土壤的振动情况，来判断周围环境的变化。

嗅觉和触觉

生活在阿尔卑斯山的利普托迪鲁斯甲虫是没有眼睛的，那它该如何生存呢？别担忧，利普托迪鲁斯甲虫可以依靠它敏锐的嗅觉和触觉来感知环境的变化。利普托迪鲁斯甲虫很喜欢生活在暗洞中，若是到了光明的环境下，它便很难生存。

如果要给最怕阳光的动物排个名，鼹鼠可能是当之无愧的冠军。鼹鼠十分惧怕阳光，即使是透透气，也会选择在洞口光弱的地方。长时间地接触阳光，会使鼹鼠的中枢神经紊乱，从而影响其他器官的运行，甚至可能会死亡！

比起圆圆的太阳，我更爱弯弯的月亮哟！

知识扩展

鼹鼠的自我介绍：我叫鼹鼠，我是人类目前发现的第一种具有立体嗅觉感的哺乳动物。我的每个鼻孔都可以嗅到不同的味道，更厉害的是，我的大脑还能识别出这些气味的差异。

明暗的变化

蚌把身体藏进了紧扣的贝壳里，那它的天敌岂不是很容易就能将它逮个正着。别担心，蚌有自己的监视神器。蚌的贝壳边缘长了很多小感光点，蚌只需通过明暗变化，就能感知到周围是否有敌人靠近啦！

光线的感知

有些动物天生就没有敏锐的眼睛，有些动物则是为了适应环境而导致视力退化。没有了良好的视力，就不能看清图像，那它们岂不是寸步难行，无法躲避天敌和捕捉猎物了？别紧张，这些家伙对光线可敏感着呢，它们能依据明暗变化来判断周围环境的情况，是不是很聪明呀？

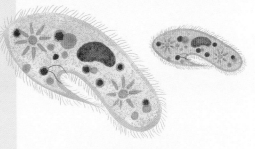

超级感光眼

草履虫是一种体形极小的原生动物，它的外形看起来像极了一只倒置的草鞋，生活在池塘、湖泊、河流中。草履虫身上的感光眼，能够帮助它们感知光线的变化。只要感光眼能与其他器官完美配合，草履虫捕猎起来就能轻松很多。

黑暗的使者

你知道吗？盲鱼的祖先是能够感应到光线变化的，但因为它们常年生活在暗黑的洞穴中，眼睛便逐渐退化了，于是，就有了今天的盲鱼。俗话说，"有失必有得"。在黑暗的环境中，视觉虽没了用武之地，但它的侧线却发挥了大作用。如今，盲鱼就是依靠侧线来辨别方向和觅食的。

敏感的皮肤

没有眼睛的蚯蚓是怎么区分光明和黑暗的呢？蚯蚓虽然没有眼睛，但它的皮肤上却长着感光点。这些感光点的感光能力非常的强，哪怕微弱的光，也能让在外的蚯蚓退回洞中。对光线如此敏感，也难怪蚯蚓会选择昼伏夜出的生活方式了。

看我的超级无敌大眼睛，被吓到了吧？

眼镜猴会在白天躲起来睡大觉，等到晚上才出来寻找食物。还好眼镜猴有一对大大的眼睛，它的眼球直径能超过1厘米，每只眼球重达3克，比脑子还重，这样的大眼睛能让它在夜间收集到更多的光线，看清周围的环境。你看它的样子，像不像戴着一副旧式的老花镜？

眼镜猴的自我介绍：大家好，我叫眼镜猴。因为我的眼睛只能直视不能转动，所以我练出了个绝活儿——我的颈部几乎能旋转360°，这样我的视野范围就宽阔了很多。

知识扩展

12

黑暗中的眼睛

很多动物在黑夜中会变得十分活跃，它们一般都长有大眼睛、大瞳孔，以便从昏暗的环境中吸收到尽可能多的光线。夜行动物昼伏夜出，凭借在黑暗中感知环境的特别本领，依靠敏锐的视觉和非凡的嗅觉，在漆黑的夜晚自由活动，一旦锁定猎物后就会大显身手！

黑夜捕食

鼯鼠是一种会滑翔的哺乳动物，它在夜晚出来活动。鼯鼠在黑夜中能清晰地辨别出周围的环境，大大的眼睛十分有利于它发现远处的昆虫，接下来靠着皮膜翼滑翔而下就能成功将昆虫捕获了。

发光的眼睛

夜鹰夜间出来捕食，一双大眼睛在黑暗中闪闪发亮。它缓慢鼓动翅膀在树间飞翔，用网兜一样的嘴将蚊子和蛾类一网打尽。看夜鹰捕食蚊虫的数量之大，"蚊母鸟"的称号真是当之无愧！

犀利猫眼

猫晚上出来捕食的时候，它会把瞳孔张得很大，聚拢黑暗中微弱的光，所以夜视力非常强。猫的瞳孔可以随光线的强弱变化扩大和闭合：在强光下，猫眼的瞳孔可以缩成一条细线；在黑暗中，瞳孔会张得又大又圆，真是太神奇啦！

又圆又大的眼睛

深海水域没有来自太阳的光线，也没有声音，但深海中的小鱼小虾会发出光亮，树须鱼又圆又大的眼睛能收集深海中微弱的光。因此凭着一对大眼睛，树须鱼找到食物就容易得多啦！

夜视之王

猫头鹰的视觉敏锐，在漆黑的夜晚，能见度比人高出一百倍以上。猫头鹰瞳孔很大，使光线易于入眼，能够察觉极微弱的光亮，就像一架微型的望远镜。可惜的是，这么厉害的夜视力，却分辨不出颜色，实在令人遗憾！

13

知识扩展

章鱼的自我介绍：我叫章鱼，我的眼睛和人类的眼睛很相似，我的视网膜也是由感光细胞、双极细胞和节细胞三部分组成的哦。

　　章鱼会通过将眼睛快速聚焦到不同深度来识别颜色。聪明的章鱼很会利用这个优势，它能根据环境的颜色，来改变自己的体色。这样它就可以轻而易举地躲过天敌的追击啦！

动物眼中的世界

人类为什么能分辨出不同的色彩？那是因为人类的视网膜上有一种对颜色极其敏感的视锥细胞。动物也能辨识颜色吗？答案是肯定的。动物们虽然不一定具备分辨所有颜色的能力，但分辨部分颜色还是易如反掌的。当然，动物界也有色盲成员，大部分的爬行动物、哺乳动物就存在着色盲问题。走，一起去感受下它们眼中的世界吧！

不同的色彩

面对不同颜色的花儿，蜜蜂会做出不同的反应。但你知道吗，蜜蜂看到的颜色和我们看到的颜色是不一样的。你眼中的红花，在蜜蜂眼中是黑色或深灰色的；你眼中的白花，在蜜蜂眼中是蓝色或蓝绿色的；你眼中的绿叶，在蜜蜂眼中却是白色的。

梦幻的世界

麻雀眼中的世界是什么样的呢？我来告诉你：拿起一副粉色的墨镜，戴上它，你就能拥有一双与麻雀相似的眼睛了。没错，麻雀眼中的世界是粉色的，是不是很梦幻呀，这也太让人羡慕了吧。

被误解的牛

观看斗牛表演时，我们常常看到这样的画面：斗牛士晃动手中的红布挑逗公牛，公牛便会愤怒地冲过去。你以为这是因为牛讨厌红色？事实上，牛的辨色能力很差。牛认为，晃动的布块会对它产生威胁，所以它才发起了攻击。原来，是我们误解它了。

漂亮的颜色

大多数的雄鸟都需要凭借美丽的羽毛来俘获雌鸟的芳心，这就要求它们得拥有良好的辨色能力。雄性的极乐鸟甚至会倒挂在树上，以便让自己的漂亮羽毛得到更充分的展示，而雌鸟就需在众多的"帅哥"中，挑出羽毛最艳丽的那位成为自己的伴侣。

灰白的世界

你说草坪是绿色的，狗第一个不同意，草坪明明是白色的。这到底是怎么一回事儿呢？原来，狗的辨色能力不是很强，它只能辨别部分颜色，如蓝色、紫色、靛色。而红色在狗的眼中是暗色的，绿色在狗的眼中是白色的。

15

你知道吗，动物眼距的远近关乎着它们的生存大计。跳羚两只眼睛分别长在它的头部两侧，且两眼相距较远，这为跳羚带来了不少好处。跳羚哪怕是在埋头吃草，也能做到眼观六路，附近的情况可都在它的掌控之内呢！

跳羚的自我介绍：我叫跳羚，是南非的国兽。因为我十分擅长跳跃，跳跃时的高度甚至能达到3米左右，所以人们给我取名"跳羚"。

知识扩展

尽管我在吃东西，我也能看清周围的变化！

上下兼顾

只有两只眼睛的鱼，为什么会被叫作"四眼鱼"呢？那是因为四眼鱼两只眼睛中各长有一层隔膜，隔膜将瞳孔分为上下两部分，看起来很像四只眼睛。如果四眼鱼浮在水面上，那它就能同时观察到水面和水中的情况啦！

敌情侦察

生活在竞争激烈的动物界，没点儿眼观六路的本事可不行！眼睛是动物们获取敌情最直接的工具，它为保障动物的安全立下了汗马功劳：动物们进食时，眼睛是负责观察周围环境的侦察器；动物们遇到袭击时，眼睛则是估算敌我距离的最佳量尺……现在，让我们来看看眼睛是如何为动物们保驾护航的吧！

360度无死角

人的视野总范围约为180度，超过这个范围就需要转动头部了。锤头鲨很幸运，它的双眼分别长在"锤头"两侧，视野范围约达360度。这就意味着，锤头鲨就算不转动头部，也能轻而易举地观测到身体两侧的物体，真的很神奇呢！

独立运作

变色龙的两只眼睛可以分别运转，能同时看到处于两个不同方位的事物。要知道，这样立体的视野不仅能帮助变色龙精准地判断自己与猎物的距离，遇袭时，还可以为自己计算好退路。

尽收眼底

火腹蟾蜍的大眼睛，可帮了它大忙。火腹蟾蜍的头部长着两只突起的眼睛，这两只眼睛几乎没有什么盲区，十分方便火腹蟾蜍侦察敌情。猎物和天敌的"小动作"可都逃不过火腹蟾蜍的眼睛！

长颈鹿拥有着让人羡慕的身高。俗话说，"站得高才能看得远"，长长的脖子，大大的眼睛，使长颈鹿很容易就能发现远处的敌人，为它们及时逃跑创造了有利条件。没想到吧，在危险重重的非洲草原上长得高也是一种优势呢！

知识扩展

长颈鹿的自我介绍：我叫长颈鹿，习惯站着睡觉。但是站着睡觉真的太累了，于是，休息时，我会把头靠在树枝上，这样就能轻松很多。

锁定目标

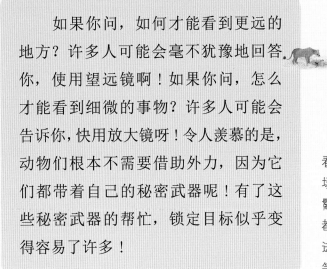

如果你问，如何才能看到更远的地方？许多人可能会毫不犹豫地回答你，使用望远镜啊！如果你问，怎么才能看到细微的事物？许多人可能会告诉你，快用放大镜呀！令人羡慕的是，动物们根本不需要借助外力，因为它们都带着自己的秘密武器呢！有了这些秘密武器的帮忙，锁定目标似乎变得容易了许多！

自带"望远镜"

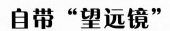

鹰的视力非常好，哪怕是飞在高空中，也能将地面上的情况看得一清二楚，就像戴着一副望远镜。鹰看见了一只正在草丛中玩耍的肥美野兔，它吞了吞口水，准备对野兔发起攻击。然而，粗心的野兔到现在都没发现有危险正在靠近……

空中的观众

飞在高空中的秃鹫正在观看一场"精彩的表演"。在这场"表演"中，狮子、猎豹、鬣狗，以及被它们追赶的猎物都是主角，这些猎食者的捕食、进食过程全落进了秃鹫的眼中。等猎食者走后，就该以动物残骸为食的秃鹫登场表演了。

自带"放大镜"

鸽子的感觉器官中最发达的就是视觉了。鸽子的眼睛构造十分奇特，它的眼睛可以看到人类眼睛看不到的细节。鸽子的眼睛甚至可以看到路面上沥青中的小缝隙，就像为自己戴上了一副定制的放大镜。

随身"遮阳镜"

你瞧，这只猎豹发现了猎物，正用最快的速度追赶呢！然而，在强烈的阳光下，一边奔跑，一边锁定猎物，显然不是一件容易的事，还好猎豹自备了"遮阳镜"。猎豹的眼角至嘴角处有两条黑纹，能有效地减小阳光对眼睛的刺激。

味道的距离

为了能吃上丰盛的晚餐，这只狼正在闻闻这里，嗅嗅那里。你知道吗，食草动物的身上有一股特殊的气味，尽管味道不是很浓烈，狼也能根据这种气味，找到远在"千里之外"的猎物。看来，发现远距离目标，不仅仅是眼睛的绝活，鼻子也能行！

19

一阵风吹来，这只灰熊耸了耸鼻子，它好像闻到了食物的香气，看来，今天的晚餐有着落啦！因为灰熊有着巨大的鼻腔，所以它的嗅觉十分灵敏，它甚至能闻到约 3 千米以外的食物气息。

知识扩展 ➡

灰熊的自我介绍：我叫灰熊。因为我们中某些成员的毛尖颜色比较浅，在远处看就像是覆着一层银灰色，故因此得名。不过，我们成员的毛色有很多种，如金色、棕色、黑色等。

唔——真香啊！

灵敏的鼻子

为了更好地适应环境，一些动物练出了绝佳的视觉，一些动物练出了敏锐的听觉，还有些动物练出了灵敏的嗅觉……这些选择跟着气味走的动物们，不但能轻松地找到食物所在的位置，还能准确地辨认出家人的味道，有些还会依据气味挑选自己中意的配偶。拥有这样灵敏的鼻子真为它们省了不少力，这群家伙也太幸福了吧！

气味追踪

寻血猎犬追踪气味的本领十分强，它们甚至可以追踪出超过14天的气味，是警察破案、寻凶的好帮手。寻血猎犬在追踪气味时，鼻子会分泌一种特殊黏液，这种黏液可以帮助它们有效地捕获气味。认真工作的寻血猎犬是不是很帅气？

香气大收集

蝴蝶经常需要和各种各样的花"打交道"，这就要求它们的嗅觉器官得非常发达。蝴蝶不仅触角上长了嗅觉器官，腿上也分布着嗅觉器官。凭借灵敏的嗅觉，蝴蝶甚至可以循着花香找到几千米外的花蜜。

探路的"花朵"

星鼻鼹戴着一朵小花，它一定很爱美吧？别误会，那其实是星鼻鼹的鼻子。星鼻鼹的鼻子形状很特别，像极了一朵盛开的粉红色菊花。"菊花"的花瓣其实是长满了触觉感受器的触角，这些触角可是星鼻鼹的探路神器哟！

白蚁清扫机

土豚的视力不是很好，但这并不会影响到它的正常生活。土豚有着极佳的听觉和嗅觉，哪怕处于黑漆漆的环境中，也不会耽误它寻找白蚁窝的位置。找到白蚁窝后，土豚会伸出又细又长的黏舌，大量的白蚁就这样被它卷入口中啦！

多功能鼻子

长吻针鼹的视力很差，所以它把自己的嗅觉充分地利用了起来。长吻针鼹会用嗅觉来寻找蚯蚓、昆虫等食物，也会用嗅觉来辨别家人及寻找配偶。什么？你不知道长吻针鼹的鼻子在哪儿？仔细瞧，长吻针鼹的鼻子藏在它长长的嘴部顶端呢！

21

松鼠的自我介绍：我是松鼠，喜欢在森林中生活，那里有许多我爱吃的食物，如植物种子、松果等。对了，我很擅长攀爬和滑翔，因此有的人也会称我为"树鼠"。

知识扩展

松鼠捧起一颗坚果，放到鼻前闻了闻，接着它开心地摇起了尾巴。看来，这颗坚果很新鲜！没错，通过闻气味，松鼠就能辨别出坚果是否成熟，是否腐坏，甚至还能分辨出坚果里是否有果仁，是不是很厉害？

特殊的气味

有的动物用自己的体液来标记回家的路，有的动物对血液的味道格外敏感，还有的动物只需闻一闻食物的味道，就能鉴定出食物中是否含毒，食物是否新鲜……特殊的味道就像是一道密码，这些动物只需用鼻子嗅一嗅，就能轻松地找出谜底。你是不是也想拥有这种甄别特殊气味的能力呢？

气味"导航仪"

无论走多远，狗总能准确地找到回家的路。那它是如何辨别方向的呢？狗没有指南针，也没有地图，它识路的方法就是一边走一边闻。狗在出远门的时候，会用自己的尿液做标记。有了这些标记，狗就算走再远，也不害怕迷路啦！

隐形的"银针"

熊又被叫作"熊瞎子"，这是因为它们的视力十分不佳。幸运的是，熊的嗅觉很好。熊闻一闻食物的味道，就能辨别出食物是否有毒，就像鼻子里装着根隐形的试毒银针。同时，熊还可以闻到空气中夹杂的血腥味，这样就能在第一时间撤离是非之地啦！

血的吸引

由于水虎鱼的性情极为凶猛，因此，它们又被称为"水中狼族"。水虎鱼对血腥味十分敏感，一丁点儿的血腥味都能引起水虎鱼的注意。一只受伤的小鱼引来了两只水虎鱼前来抢食，用不了多久，小鱼就会被啃得只剩鱼骨啦！

追踪高手

凭借高超的追踪本领，鲨鱼的威名早在海洋中传开了。那它到底靠什么追踪猎物呢？鲨鱼鼻孔中的褶皱上长着许多感受器，这些感受器可以识别猎物血液或体液中的蛋白质。海水进入鲨鱼的鼻腔后，感受器就能检测到受伤猎物的信息。此时，就轮到鲨鱼大显身手啦！

味道的牵引

这只科莫多巨蜥正在不断地将舌头吐出去、缩回来。难道它是在品尝空气的味道吗？你没猜错，它的确是在"品尝"气味。通过不断地伸缩舌头，科莫多巨蜥可以识别周围的环境，进而找到食物。

知识扩展 →

象鼩的自我介绍：我是象鼩，我的寿命为 2~3 岁。我的尾巴又细又长，和老鼠的尾巴很像。对了，我的鼻子是可以随意扭曲的哟！

身体娇小的象鼩长着根长长的鼻子，这根鼻子像极了小型的象鼻。象鼩长长的鼻子上还长着极其敏感的触觉器官——胡须。觅食时，象鼩会将鼻子探入落叶堆，这样一边闻一边感知，就很难再有漏网之鱼啦！

24

怪鼻博物馆

检票啦！亲爱的小朋友，欢迎来到怪鼻博物馆！在这里，你将会看到各种各样、奇形怪状的动物鼻子：有的动物拥有许多人梦寐以求的高鼻梁；有的动物的鼻子很长很长；有的动物的鼻子像锯子；有的动物的"鼻子"功能与鼻子相似，却并不是真正的鼻子……你是不是有点儿没听懂？没关系，我们直接开始参观吧！

求偶"喇叭"

为了赢得配偶的青睐，雄性锤头果蝠可花了不少心思。雄性锤头果蝠长着大大的鼻子，这个鼻子就像是一个大喇叭，可以"播放"锤头果蝠发出的求偶歌声。你知道吗？雄锤头果蝠鼻腔传出的歌声越响亮，越能吸引配偶的注意哟！

自带"加湿器"

咦，是我眼花了吗？这只羚羊看上去有点儿特别。你没看错，这个长着高鼻梁的"帅小伙"叫"高鼻羚羊"。高鼻羚羊的鼻孔中长着黏膜囊，可以将吸入的空气变得湿润，就像随身带着"加湿器"。干燥的高原气候，一点儿也不会降低它的生活质量！

多出来的"鼻子"

你怀疑这匹野马在嘲笑你？别误会，它并不是在嘲笑你。这匹野马之所以翻起它的上唇，是因为它需要露出犁鼻器。犁鼻器并不是鼻子，而是一种感觉器官，可以帮助野马检测空气中的成分。根据检测到的成分，雄野马就可以找出附近对它心动的雌野马啦！

"锯子"长鼻

锯鳐的鼻子外形像极了长长的锯子。这把"锯子"的表面长满了小气孔，能帮锯鳐"打探"周围的环境情况。觅食时，这把"锯子"还能像筛子一样过滤掉水底的泥沙。同时，"锯子"也是锯鳐的武器。真是一"锯"多用啊！

亦鼻亦唇

几千块肌肉才构成了大象的鼻子，可以说，大象身上最显眼的器官就是它的长鼻子了。长长的鼻子不仅具有呼吸和嗅觉的功能，它也是大象的"手"，大象常常用鼻子捡取食物，搬运东西。对了，大象的鼻子也是大象的上唇哟！

25

虽然拥有敏锐的视觉，但王鹫似乎更习惯使用自己的嗅觉来寻找食物。王鹫经常用嗅觉来寻找它爱吃的腐肉，但有时它也会偷个懒。王鹫会悄悄地跟在红头美洲鹫或黄头美洲鹫的身后，等它们找到了食物，王鹫才会现身，分一杯羹。

王鹫的自我介绍：我叫王鹫，也叫国王秃鹫。我喜欢居住在热带雨林、草原、沼泽等地。鱼和腐肉都是我喜爱的食物。很多人以为我的视力差，事实上我的视力很好哟！

知识扩展

鸟鼻展览室

绝大多数的鸟都因敏锐的视觉而著称，但这并不代表着它们没有嗅觉。森林中生长着茂密的树木，飞于高空的鸟儿有时极难用视觉发现藏在林间的食物，但如果能闻到食物散发出的气味，觅食就变得容易多啦！特殊的生存环境使得这些鸟不得不发展一下其他技能——灵敏的嗅觉。快，我们一起去了解下那些容易被人忽视的鸟鼻子吧！

家的味道

有时，巨鹱会前往很远的地方去捕猎。在捕猎结束后，它们便要开启返家的旅程了。路途如此遥远，它们还能找到回家的路吗？放心吧！巨鹱的大脑中有着极为完善的嗅觉管理系统，它们可以根据自己巢穴的味道，顺利地找到回家的路。

建材"甄别器"

棕鸟对建筑材料有着极高的要求。筑巢时，棕鸟会利用自己独特的嗅觉来挑选建筑材料。这只棕鸟左挑挑，右选选，终于甄选出了合格的树枝。被它看中的树枝不但能抵御细菌，还能防寄生虫呢！

黑暗中的"导航仪"

若是行走在漆黑的环境中，我们极有可能撞得头破血流，但，信天翁不会。信天翁的喙上长着两只圆圆的鼻孔。敏锐的嗅觉可以帮它感知周围的环境，即使在漆黑的环境中，信天翁也能行动自如。

与众不同

鹬鸵的视力不是很好，但它又喜欢在夜间活动。那它该如何生存呢？这时，鹬鸵喙尖上的鼻孔就派上用场啦，鹬鸵会循着味道准确地找出虫子所在的位置。多亏鹬鸵的嗅觉能力过关，不然它就吃不上这么丰盛的夜宵啦！

你知道吗？海豚有一项特殊的技能——回声定位。这群海豚正在奋力地追赶着一群小鱼，为了与同伴保持联系，商讨捕猎计划，它们会时不时地发出叫声。同时，海豚还会利用回声来确定鱼群所处的位置，以及鱼群的数量、鱼的大小。没想到吧，回声竟还有这样的作用呢！

海豚的自我介绍：我是海豚，居住在热带的温暖海域中。妈妈说，我们海豚有着十分发达的大脑，大脑上还有许多沟回。你知道吗？沟回越多，智力就越发达哟！

知识扩展

回声和震动

动物界有这样一群动物，它们可能拥有良好的视觉、嗅觉、听觉，但为了适应环境，它们又另辟蹊径，创出了其他的感知方法：回声和震动。这群动物中，有的利用回声来锁定猎物，有的利用震动躲避天敌的追杀，还有的利用震动来确定方位……在它们的不断探索下，终于找到了更适合自己的生存技巧。

最佳"演员"

大多数的捕猎者都不喜欢吃死掉的猎物，为了保命，一些甲虫会用装死的方法来蒙蔽捕猎者。看，这只甲虫的表演开始啦！甲虫似乎感受到了震动，于是，它一动不动，进入了假死状态，甲虫的演技也太好了吧！

震动的喜悦

为了能吃上丰盛的食物，蜘蛛可费了不少工夫！织好网后，蜘蛛会静静地躲起来。如果有猎物"送上门"，蛛网会因猎物的挣扎而产生震动，放在蛛网上的蜘蛛腿便能在第一时间接收到信号，进而发起进攻。唉，图中这只苍蝇可真倒霉呀！

陷阱"大师"

蚁狮可以根据周围的震动情况来捕捉猎物。这只蚁狮在沙地上挖好了一个漏斗状的陷阱，接下来它只需静静等待，不久便会有猎物送上门。这时，蚁狮感觉到了沙土在震动，它开始奋力弹抛沙土，一只蚂蚁顺着流动的沙子滑进了陷阱中……

回声辨位

江豚的视力有点儿差，再加上它们其中一些成员生活在浑浊的河水中，这就为捕食增加了难度。于是，江豚慢慢地摸索出了一套绝妙的探路方法——回声定位法。它们发出声音，当声波受阻返回时，它们就能判断出障碍物离自己有多远了。

回声探路

陌生的环境令鼩鼱很不安，于是，它便用回声定位的方法来探路。鼩鼱会先发出高声调的尖叫声，接着再根据回声来探索周围的环境情况，这样前方道路上的障碍就绊不倒它了。

29

蟋蟀的自我介绍：我是蟋蟀，也有人叫我蛐蛐、夜鸣虫。你是不是担心我整夜唱歌嗓子会哑？别担心，我的歌声并不是从声带中发出的，而是通过摩擦翅膀来发出的哟！

蟋蟀的耳朵长在它的前小腿上，呈裂缝状，里面有着特殊的感觉细胞，贯穿着神经。到了繁殖的季节，雄蟋蟀就会奏出优美的求偶歌曲来向雌蟋蟀表达爱意。雌蟋蟀听完演奏后，会从众多的演奏者中挑选出一位成为自己的伴侣，是不是很考验耳力？

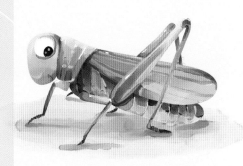

意想不到的位置

有些动物的头部竟没有长耳朵，它们是没有耳朵吗？有的。并不是所有动物的耳朵都长在头部，它们的耳朵还可能长在胸部、腹部、腿部……这些"调皮"的耳朵藏在了不同的位置，需要你仔细地找一找，才能发现。我相信，只要你耐心点儿，就一定能将它们找出来！

胸腹有不同

你敢相信吗？夜蛾小小的身体上竟长着许多只耳朵。大多数飞蛾的耳朵都长在它们的胸部，也有的长在腹部，而夜蛾的耳朵则布满了它的胸部和腹部。夜蛾的每只耳朵长着两个细胞，这细胞可以探测到超声波，夜蛾就是靠着这项技能躲避捕猎者的！

腹部上的耳朵

听说，蝗虫摘了两枚月亮藏在身上……你搞错了，那可不是月亮，那是蝗虫的耳朵。蝗虫的耳朵是两个半月形的裂口，分别长在蝗虫的腹部两侧。蝗虫的听觉非常灵敏，这是因为蝗虫在飞行时，它的耳朵会完全露在外面。没有了遮挡，当然听得更清晰啦！

抖动的触角

猜猜蚊子的耳朵藏在哪儿？答对啦，它的耳朵就藏在两根长长的触角上。触角上收集声音的器官可以将外界的声音传到中枢神经。如果你观察得足够仔细，你就会发现：蚊子飞动时，会不停地抖动它的触角。这可不是在跳舞，而是在倾听周围的声音呢！

神奇的腿毛

我们常见的毛虫大多是飞蛾或蝴蝶的幼虫，它们的腿部长着细细的绒毛。当外界发出声响时，毛虫的腿毛就会随着声响摇摆、起伏，毛虫便接收到了外界传来的讯息。毛虫的腿毛竟然能"听见"声音，是不是很奇妙？

感受震动

蛇正在草丛休息，它似乎听到了什么声音，便迅速地向更安全的地方逃去。咦，蛇是怎么听到声音的呢？它明明没有耳朵！你错喽，蛇虽然没有外耳，也没有耳孔和中耳，但它有发达的内耳。蛇只要紧贴地面，地面上的震动就会顺着它头部的骨骼传到内耳里，这样蛇就能及时做出反应啦！

狞猫的大耳朵由大约20块肌肉控制,且两只大耳朵上各长着一撮毛,就像是长在耳朵上的天线。这两根"天线"不仅能将周围的声音引入狞猫的耳鼓,还能消除狞猫捕猎时在灌木丛中发出的声音。狞猫这造型真是又酷又实用啊!

狞猫的自我介绍:我叫狞猫。在我的栖息地找到干净的水源并不是件容易的事,幸亏我仅靠摄取猎物体内的水分就能满足自身的需求了。

知识扩展

无敌大耳朵

你知道吗？耳朵的大小也会影响动物听力的强弱。不少动物进化出了大耳朵，你瞧，这群动物正在举行大耳朵比赛呢！长耳蝠骄傲地动了动耳朵；大耳狐得意地摆了摆耳朵；瘦小的长耳跳鼠也不甘示弱，将自己的耳朵亮了出来……看，大象也来了。谁才是这场比赛的冠军？快和我一起去看看吧！

回声"收集器"

基本上所有的蝙蝠都是通过回声定位来追踪猎物的，长耳蝠也是一样。长耳蝠的大耳朵可以帮助它收集到更多的回声，这些回声能使长耳蝠估算出猎物的大小，以及猎物和自己的距离。看来，这对大耳朵的功劳不小呢！

声音"处理器"

一只甲虫急速地从沙地上爬过，大耳狐显然听到了甲虫爬动的声音，它抬起前爪，一举将甲虫捕获。大耳狐的耳朵格外灵敏，可以捕捉到细微的声音，甚至还能从模糊或尖锐的声音中分辨出有用的信息，是不是很厉害？

迷你兔耳

黑漆漆的夜里，长耳跳鼠发现了正在飞舞的昆虫，它奋力跳起，昆虫就这样被捉住了。身材娇小的长耳跳鼠长着一对大大的耳朵、一双长长的腿，外形看起来就像是踩着高跷的迷你版兔子。长耳跳鼠的听力十分敏锐，可以通过声音来确定猎物和捕猎者的位置。可以说，耳朵就是长耳跳鼠"行走江湖"的利器！

可爱大长耳

一点儿动静都能使兔子逃之夭夭，兔子能如此迅速地做出反应，这得归功于它那对长长的耳朵。趴在草丛中的兔子时而将耳朵直直立起，时而转动耳朵的方向，就是为了不让一丝风吹草动逃过它的耳朵。

超级"大扇子"

非洲象的大耳朵是陆地动物中耳朵最大的，这对大耳可以帮它们采集到远方其他大象发出的超低频的声音。不仅如此，在炎热的夏季，非洲象只需不停地扇动大耳，就能享受到阵阵凉风。看这对大耳像不像非洲象随身携带的扇子？

以虫为食的指猴常常通过"弹钢琴"的方式来寻觅食物。指猴会用手指敲击树干，它们只需通过倾听树干发出的声音就能判断出树木是否空洞，树干中是否藏着昆虫，指猴真不愧是杰出的"钢琴家"呀！

我弹的曲子是不是很好听？别太崇拜我哟！

指猴的自我介绍：我叫指猴。觅食时，若发现虫响，我会先用门齿将树皮啃出一个小洞，接着再用中指将洞中的虫子抠出来，这样一顿美餐就到手啦！

知识扩展

34

奇妙的声音

有些动物选择用极高频或极低频的声音与同伴传递信息，这样其他动物就听不到它们之间的"悄悄话"啦；有些动物要从众多的声音中，选出自己中意的声音……想要从这些神秘或繁杂的声音中，找出对自己有用的信息，就需要动物们具备超常的听力。听，奇妙的声音又响起了……

听不见的声音

老鼠常常利用超出人类听力范围的极高频声音与同伴交流，这种极高频声音可以传播到很远很远的地方。老鼠会用这种声音与伙伴交流食物所在位置，以及向心仪对象表达爱意。

百里挑一

良好的听力是保证美洲牛蛙求偶成功的重要条件。每年的繁殖期，池塘都会变得格外的热闹，因为美洲牛蛙们正在开一场求偶演唱会。雄牛蛙们齐声歌唱，雌牛蛙们咕咕呱呱地应答。哪个才是自己心仪的伴侣，这得仔细听听才行！

危险的声音

扭角林羚长着一对大大的耳朵，令人惊叹的是，这两只耳朵竟能分别运作。别看扭角林羚正在专心致志地享用美食，但这并不耽误它收集各个方向的"情报"。如果周围有什么风吹草动，扭角林羚便能在第一时间逃跑！

脚掌下的"电话"

大象会用低频的呼叫声和跺脚声与同伴交流。那同伴该如何接收到信息呢？总不能趴在地上听吧，这也太不雅观了。还好大象的脚掌可以接收到讯息，然后通过骨骼传到内耳。"轰轰轰……"大象脚掌下的"电话"又响了，这次是哪个同伴发来了讯息呢？

听不见的低语

"快来呀！这里有美味的浆果。"鹤鸵发现了浆果，它正利用独特的低频叫声邀请远方的同伴前来共享美食呢！这样明晃晃地呼喊，就不怕引来其他动物抢食吗？别紧张，这种低频叫声其他动物是听不见的，只有鹤鸵的同伴才能听到，它们头顶上的角质盔就是它们的声波接收器。看它像不像戴着一顶帽子？

性情温顺的儒艮是个"贪吃鬼"，它的大部分时间都用来进食了。儒艮主要居住在太平洋沿岸的潜水区域，浑浊的水质使视力不佳的儒艮觅食更加困难。于是，它便用上唇密集的触须来寻觅食物了。看它像不像用嘴巴在耕地？

儒艮的自我介绍：我叫儒艮，主要生活在海岸近处的海草丛中。海草及一些藻类是我喜爱的食物。由于人类大量捕杀我的同伴，这就使得我们儒艮家族的成员格外稀少了。

知识扩展

多功能触须

瞧，这些动物真邋遢，胡须这么长了也不知道剃一剃。你误解它们了，这些动物的胡须可不能随便剃，它们都有自己独特的功能呢！有的胡须充当了量尺，有的胡须可以辨别味道，有的"胡须"能捕获信息……若是没了这些胡须，动物们的生活可能会变得一团糟！

辨味的"胡子"

鲶鱼生活在河流、湖泊的底部，喜爱吃小鱼、贝类等。鲶鱼是个"近视眼"，捕捉猎物的活儿根本指望不上眼睛。大多数的鲶鱼长着四根"胡子"，"胡子"上布有味蕾，鲶鱼就是靠着它们来觅食的。

必备物品

如果你问猫，它出门必带的物品之一是什么？它一定会毫不犹豫地回答你："胡须。"猫上唇的肉垫上长着长短不一的胡须，这些胡须可帮了它不少忙：收集信息，感知周围的环境，探查猎物的方向，感受风向的变化。猫的胡须还是它随身携带的量尺，遇到窄缝时，用胡须量一量，就能知道自己能否通过啦！

水中"翻土机"

为了吃到美味的蛤蜊，海象潜到了海底，它用长长的牙将藏在淤泥里的蛤蜊挖了出来。可是，此时的水变得十分浑浊，眼睛根本看不清。哪些是蛤蜊？哪些是泥土？这可难不住海象。看，它的胡须就能帮它分辨出来。

第二双"耳朵"

海狮是生活在海洋中的哺乳动物，它嘴唇的两侧长着胡须，这些胡须不仅是海狮的触觉器官，它们还是海狮的第二双"耳朵"。海狮的耳朵只能听到近处的声音，而它的胡须却可以辨别出几十米以外的声音，是不是不可思议？

重要的触须

龙虾穿着厚厚的"盔甲"，因此，它们的身体一点儿都不敏感。那它靠什么来感知周围的变化呢？这就不得不提它的触须了。龙虾的头上长着一对长长的触须，摇摆这对触须，就能捕获到外界的信息。瞧，它的样子看起来是不是很威风？

食蚁兽的自我介绍：我叫食蚁兽，我的家族成员主要有大食蚁兽、小食蚁兽和侏食蚁兽。其中，侏食蚁兽的体型最小，常见于墨西哥、巴西等地。

食蚁兽的舌头又长又灵活，大食蚁兽的舌头甚至可以伸到 50 厘米左右的长度。发现蚂蚁巢或白蚁巢后，食蚁兽会先用有力的前肢将蚁巢撕开，接着再伸出布满尖刺和黏液的长舌粘取蚂蚁或白蚁。据说，一只食蚁兽每天能吃 3 万只左右的蚂蚁或白蚁，不愧是"蚁类杀手"哇！

独特的舌和喙

美食是什么味道，舌头会告诉你。但你知道吗，动物的舌头不仅能品尝味道，还具备别的能力呢！赶跑敌人不一定得用武力，舌头也能做到；防晒不一定得用太阳伞，舌头也能办到；抓取食物不一定非得用前肢，舌头也能完成……没想到吧，动物的舌头竟然悄悄地学会了其他技能，快和我去看看吧！

巨大的蓝舌

这只蓝舌石龙子是不是中毒了呀，它的舌头怎么是蓝色的？别慌张，那其实是它的退敌神器。蓝舌石龙子长着巨大的蓝色舌头，遇到袭击时，它就会发出"嘶嘶"的声音，并将舌头吐出，以此来吓跑敌人。

长长的喙

一只天蛾正在用长长的"舌头"吸食花蜜。吐，这只天蛾的"舌头"也太长了吧！它行动的时候会不会不方便呢？放心吧，天蛾的"舌头"在不用的时候是可以卷起来收好的。值得注意的是，这个看似像舌头的器官，其实是天蛾的喙哟！

防晒的舌头

长颈鹿在觅食时，难免会误食到带刺的植物。还好长颈鹿长着硬且粗糙的长舌头，不然十分容易被刮擦、刺伤。更厉害的是，长颈鹿的舌头还能抵御阳光中的紫外线，真是太实用了！

嘴中的"手指"

蓝松鸦找到了一粒坚果，它用嘴中的"小手指"抓住了坚果，再用坚硬的喙将果壳砸开，香喷喷的果肉就到嘴啦！嘴巴中长着手指？这也太奇怪了吧！别惊讶，这个"小手指"其实是蓝松鸦灵巧的舌头。

隐藏神器

众所周知，猫的撕咬能力和抓击能力很强，但让人想不到的是，它的舌头也同样厉害。猫的舌头表面长有一层角质化的倒生小刺，就像是一个小刷子。这样的结构不仅方便了猫舔食液体，还能帮助它将鱼骨上的肉剔下来。

空中捕食可是个技术活儿，稍有不慎，就会摔得头破血流。幸亏大多数的鸟都长有能保持平衡感的尾巴，燕子就是其中之一。燕子长着剪刀状的尾巴，通过摆动尾巴，燕子就能调整速度、控制平衡啦！

知识扩展

燕子的自我介绍：我是家燕，是燕子家族中一员。你知道吗？燕是雀形目燕科74种鸟类的统称，在中国，最常见的燕子就是我和金腰燕了。

平衡感

若是没有良好的平衡感，动物界可能会乱了套：飞在高空中的鸟儿一不小心可能就会发生"交通事故"，从高处往下跳的松鼠很可能会扭伤脚，水中游动的鱼儿可能难以控制前进的方向……飞行、跳跃、奔跑、攀爬都需要平衡感来帮忙，平衡感对动物真的太重要啦！

"哑铃平衡棒"

说出来你也许不信，苍蝇是举着"哑铃"飞行的，但它并不是因为爱运动才这样做的。大多数的昆虫长有两对翅膀，而苍蝇却只长了一对，那它的另一对翅膀藏到哪儿去了呢？原来，它的另一对翅膀已退化成了一对哑铃状的平衡棒，能使它在飞行中保持身体的平衡。

自带支架

游来游去的短吻三刺鲀感到十分的疲倦，它决定休息片刻再出发。短吻三刺鲀有一对胸鳍，配合着尾鳍可以将它的身体支撑起来，以此来保持平衡。自带平衡支架，这也太方便了吧！

强力"支撑杆"

袋鼠长着又粗又长的尾巴。袋鼠运动时，尾巴便用来保持身体的平衡。袋鼠休息时，尾巴就像一张凳子，支撑着它的身体。有意思的是，尾巴还会参与袋鼠的打架。打架时，袋鼠会把尾巴放在身后支撑身体，想想这画面也太搞笑了吧！

鱼鳍的作用

鱼能够随心所欲地在水中游动，它们身上的鱼鳍可没少帮忙。大部分的鱼都长着背鳍、胸鳍、腹鳍、腮鳍、尾鳍。鱼在游动时，这些鱼鳍各有分工，不仅会帮它们保持身体的平衡，还会帮它们及时"刹车"。可以说，没了鱼鳍，鱼将寸步难行。

紧急"平衡伞"

喜欢高空运动的松鼠，一不留神就会有摔伤的危险，还好它为自己准备了"平衡伞"——尾巴。松鼠的尾巴可以起到平衡身体的作用，使它能够安全地降落到地上。糟了，苍鹰来了！松鼠慌张地张开双手双脚，准备往树下跳。喂，千万别忘了打开"平衡伞"啊！

咦，海底竟然有一把吉他？等我去把它捡回来。别过去！那可不是吉他，而是危险的电鳐。电鳐长着扁扁的身体，它腹部的两侧长着蜂窝状的发电器，可以在瞬间释放出 220 伏特左右的电流，能将猎物和天敌击晕。所以，若是看到电鳐，为了自身安全，还是尽快躲远点儿吧！

知识扩展

电鳐的自我介绍：我叫电鳐，当我的大脑神经受到刺激时，我腹部的发电器就会把神经能转换为电能，释放出电流。

磁场和电场

动物们虽然没有指南针，但它们依然不会迷失方向，因为它们可以通过磁场来辨认方向。动物们的身体中虽没有安装电池，但它们依然能做到自如地放电。这群幸运的家伙，在有了磁场和电场的帮助后，生活就变得更加便利了。但你最好别离它们太近，小心会受伤！

电流探路

电鳗主要生活在浑浊的水域，在这种环境下，眼睛根本发挥不了什么大作用。电鳗的尾巴能释放电流，电鳗便通过释放少量电流的方式来探路。如果途中发现青蛙和鱼类，电鳗就会释放更多的电流，将它们电晕。没想到吧，电鳗还会使用高科技武器呢！

磁场指路

海龟的一生都离不开磁场，它们会根据磁场提供的信息往返于出生地和海洋。出生在海滩上的小海龟，哪怕没有海龟妈妈的带领，也能找到前往海洋的路。每年繁殖期，无论海龟身处何地，它们都会回到自己的出生地产卵。它们的方向感也太强了吧！

电流防护

生活在非洲尼罗河的电鲶也具有释放电流的能力。当电鲶被攻击时，它会在瞬间释放出 200 ~ 450 伏特的电压，保护自己。电鲶释放出的电流甚至能击毙小型鱼类，因此，人们还称它为"水中高压枪"。

电嘴捕猎

除哺乳期外，鸭嘴兽大部分的时间都花在了游泳上，真没愧对"游泳健将"这个称号。鸭嘴兽的嘴巴上分布着成排的电感应器，可以检测到鱼类、虾类等猎物附近的电场。待确定目标后，它们就会在感觉器官的带领下悄悄地接近猎物。

蝙蝠是唯一一种会飞行的哺乳动物，它的睡姿很独特——倒挂着睡。用这种姿势睡觉，会不会很危险呢？放心吧，蝙蝠十分擅长利用重力。当蝙蝠倒挂时，它会用身体自然下垂的力量向下拉动肌腱，令爪子紧紧地合拢，这样它就不会从高处摔下来啦！是不是很聪明？

蝙蝠的自我介绍：我叫蝙蝠，昆虫及其他小型节肢动物是我的主要食物。不过，我的部分同伴也会以果实、花蜜和花粉为食。有的还会以肉或血液为食。

知识扩展

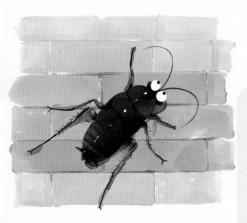

压力和重力

动物界正在进行一场杂技表演：蝙蝠表演了倒挂，赢得了大家的阵阵掌声；蟑螂表演了飞檐走壁，博得了大家的欢呼叫好；蛇怪蜥蜴表演了水上行走，大家看后纷纷竖起拇指……这场表演真的太精彩了！它们是如何克服重力和水压的呢？走，跟我一起去采访采访它们吧！

克服重力

蟑螂身怀飞檐走壁的本领，它可以在墙壁上自由地爬行。你是不是很好奇，它是如何克服重力的。向上爬时，蟑螂会用前脚的脚趾勾住墙体上的细缝，然后再用后脚的脚跟推；往下爬时，蟑螂则用前脚的脚后跟推，用后脚的脚趾勾住墙体上的细缝，看来，前后脚得有极高的默契度才行啊！

充气上浮

人类根据鹦鹉螺的浮沉特征制造了第一艘核潜艇——"鹦鹉螺"号。白天，鹦鹉螺会将壳内的气体排出，这样它便能安安静静地躺在海底了。晚上，等鹦鹉螺往壳内充入气体后，它便又能漂浮起来啦！

谁主沉浮

鱼没有游泳圈，也没有救生衣，那它靠什么来控制沉浮呢？大部分硬骨鱼类的脊椎处都长有鱼鳔，鱼鳔中充斥着气体，鱼就通过收放肌肉和摆动鱼鳍来增加或减少鱼鳔中的空气，这样就能轻轻松松地完成上浮和下潜动作啦！

水上穿行

蛇怪蜥蜴可以自由地在水面上穿行。你是不是好奇，它是如何做到的。蛇怪蜥蜴长着长长的脚趾，且每个脚趾的周围都长有一层鳞屑，这就使得它的足部面积增大了很多，这样一来，便分散了它在水面上行走时的重量。

猫头鹰有一双大大的眼睛，但遗憾的是，它的眼球不能灵活地转动。那它岂不是很容易遭到偷袭？告诉你一个小秘密，猫头鹰的头部可以旋转270度左右，它只需轻轻转动头部，后方的情况也就尽在它的掌握中了，是不是很方便？

知识扩展 ➡️

猫头鹰的自我介绍：我是猫头鹰。我长着一段结构强韧的颈椎，而且颈椎动脉有一处缓存血库，所以就算我大幅度转动头部，也不会扭伤脖子或头晕。

想偷袭我，可没那么容易！

奇妙的感官

大幅度地转动头部，可以使动物拥有更广阔的视野；随着环境变化的皮毛，能使动物更好地伪装起来；对温度的极其敏感，能使动物轻松地找到避寒的地方；对危险的高度警觉，为动物避免了不少危险……为了适应生存环境，这些动物可学了不少神奇的技巧呢！

变换的皮毛

北极狐生活在寒冷的北极地区，为了适应环境，北极狐会根据环境的变化换上不同颜色的皮毛。冬季，北极狐会选择白色的"外套"；夏季，部分冰雪融化，少量的植物也长了出来，此时，北极狐就会披上灰黑色的"外套"。

热感应器

哪怕微弱的热量变化，也能引起蛇的注意。蛇之所以对热量十分敏感，是因为它们身上长着特殊的感觉器官——热感应器。寒冷的时候，蛇能通过热感应器找到暖和的地方来避寒。同时，热感应器也能帮蛇锁定猎物的方向。能拥有这样的技能，蛇真是太幸运啦！

危险"探测仪"

正在吃小鱼的螃蟹停下了动作，它似乎察觉到了危险的气息。螃蟹的身体上、螯钳上布满了绒毛，这些绒毛可以探测到水流的振动和变化情况。如果有危险靠近，螃蟹便能在第一时间感知到，从而迅速地逃跑。

敏感的侧线

鲤鱼的身体两侧长有一种特殊的感应器，可以感受到水波的振动和水流速度的变化，这个感应器就是侧线。鲤鱼的侧线长在它的皮肤表层或皮下表层，可以帮助它探测水中的障碍物，使鲤鱼能自由自在地在水中生活。

图书在版编目（CIP）数据

动物感官的秘密 / 马玉玲编著. -- 长春：吉林科
学技术出版社, 2023.4
（动物秘密大搜罗）
ISBN 978-7-5744-0183-9

Ⅰ.①动… Ⅱ.①马… Ⅲ.①动物－儿童读物 Ⅳ.
①Q95-49

中国国家版本馆CIP数据核字(2023)第056480号

动物秘密大搜罗·动物感官的秘密
DONGWU MIMI DA SOULUO · DONGWU GANGUAN DE MIMI

编　　著	马玉玲	出　　版	吉林科学技术出版社	
出版人	宛　霞	发　　行	吉林科学技术出版社	
责任编辑	石　焱	地　　址	长春市福祉大路5788号出版大厦A座	
幅面尺寸	226 mm×240 mm	邮　　编	130118	
开　　本	12	发行部传真 / 电话	0431-81629529　81629530　81629531	
印　　张	4		81629532　81629533　81629534	
字　　数	50千字	储运部电话	0431-86059116	
页　　数	48	编辑部电话	0431-81629380	
印　　数	1-7 000册	印　　刷	长春新华印刷集团有限公司	
版　　次	2023年4月第1版	书　　号	ISBN 978-7-5744-0183-9	
印　　次	2023年4月第1次印刷	定　　价	29.90元	

如有印装质量问题　可寄出版社调换